Hans Grasmuk

Auswirkung atomarer Bestrahlung auf den Körper. Amnestie für Bestrahlte mit niedrigen Dosen?

GRIN Verlag

GRIN - Your knowledge has value

Der GRIN Verlag publiziert seit 1998 wissenschaftliche Arbeiten von Studenten, Hochschullehrern und anderen Akademikern als eBook und gedrucktes Buch. Die Verlagswebsite www.grin.com ist die ideale Plattform zur Veröffentlichung von Hausarbeiten, Abschlussarbeiten, wissenschaftlichen Aufsätzen, Dissertationen und Fachbüchern.

Besuchen Sie uns im Internet:

http://www.grin.com/

http://www.facebook.com/grincom

http://www.twitter.com/grin_com

Amnestie für Bestrahlte mit niedrigen Dosen?

Hans Grasmuk

Ursprünglich wurde das Potential der Kernenergienutzung euphorisch begrüßt, aber der entsetzliche Einsatz 1945 von Kernwaffen der USA auf die bewohnten Städte Hiroshima und Nagasaki ernüchterte. Die Hinterlassenschaft noch lange – salopp gesagt eigentlich fast immer - strahlender in Reaktoren zur Stromerzeugung und auch zur Waffenproduktion eingesetzter Brennelemente tat ein Übriges. Können doch absorbierte ionisierende Strahlen auch noch Jahre später an Menschen zu Leukämien und anderen Krebsformen führen und schon ohne Strahlen auftretende reichliche Fälle erhöhen. Zeitlich und lokal schwankend und daher ein niedriges Strahlenrisiko verschleiernd liegt die registrierte Spontanrate der Krebsmortalität bei rund 25 Prozent, also bei einem Viertel aller Todesfälle. Etwa sechs bis acht Promille sind von spontaner Leukämiemortalität betroffen, sie ist aber deswegen nicht weniger gefürchtet. Die durchaus verursachte, dennoch häufig als „Spontanrate" bezeichnete Krebsmortalität variiert je nach Vorliebe für den Tabakkonsum, falsche Ernährung, Übergewicht, Infektionen, Alkohol, UV-Strahlen der Sonne und Bewegungsmangel – um nur einige zu nennen. Dem Risiko ionisierender Strahlen könnte aber im niedrigen Dosisbereich durch Anregung von Radikalfängern, verstärkter RNA-Reparaturen oder letztendlich durch Suizid irreparabler Zellen in Grenzen begegnet werden. Diese Begegnung könnte bei nicht zu hohen Dosen sogar – so wird von einigen Experten versichert – zu einer Reduktion auch der Spontanrate, also zu einer Strahlenhormesis führen. Erst höhere Dosen überfordern diese Systeme und machen ein Strahlenrisiko erkennbar. Tonangebende Kommissionen bestehen allerdings konservativ darauf, dass auch kleine Strahlendosen mit der Dosis linear proportional ohne jegliche Schwelle mit einem Krebsrisiko korrespondieren sollten. Diese „LNT" (linear-no-threshold) Hypothese vermutet, dass eine Dosisreduktion um den Faktor 100 bzw. 1000 das Risiko noch immer auf ein Prozent bzw. ein Promille reduzieren würde, wie klein auch die Dosis sei, d.h. keine Dosis sei klein genug um risikolos zu sein. Das wird aber auch durchaus bezweifelt. [1]

Strahlendosen und ihre Raten

Mit der Energiedosis ist die durch Strahlen in exponierten Stoffen pro Masseneinheit (kg) geleistete Arbeit gemeint. Die Bezeichnung der Dosiseinheit „Gray" (1Gy) erinnert an den Strahlenexperten Harold Gray, sie wurde für das Verhältnis `1 Joule/kg` festgelegt. Wegen des durch Strahlen verursachten Ausfalls zu vieler Körperzellen können hohe akute Ganzkörperdosen von 4 oder 6 Gy für jeweils 50 oder 90 Prozent derart Exponierter nach einer kurzen Latenzzeit von Tagen oder Monaten tödlich enden. Für die diese Frist zunächst Überlebenden 50 oder 10 % ist eine über die Spontanrate hinausgehende Bedrohung aber noch nicht ausgestanden. Damit müssen mit entsprechend abnehmender Wahrscheinlichkeit aber auch geringer Bestrahlte noch in Unsicherheit leben. Hört diese Unsicherheit erst bei der Dosis Null auf oder doch schon darüber?

Das Risiko hängt neben der Dosishöhe von der sie verursachenden Strahlenart ab, weil Neutronen- und die dichtionisierenden Alphastrahlen bei gleicher Dosis ein höheres Krebsrisiko als die locker ionisierenden Beta-, Gamma- und Röntgenstrahlen verursachen. Der Strahleneffekt hängt neben dem Geschlecht – Frauen sind gefährdeter - auch vom Alter der exponierten Person ab – je niedriger das Alter bei der Dosisaufnahme, desto höher das Risiko. Auch fand sich an bestrahlten Organen eine unterschiedliche Tendenz zur Bildung von Krebs. Weil medizinische Bestrahlungen meist einzelne oder wenige Organe und Radon hauptsächlich die Lunge betreffen, ist es sinnvoll das Risiko einer Teilkörperdosis als Ganzkörperäquivalent vergleichend darzustellen was die Risikozuordnung vereinfacht.

Deshalb wurde für den Strahlenschutz eine „Effektivdosis" eingeführt. Ihre Einheit „Sievert" (Sv) wurde nach dem schwedischen Strahlenschützer Ralph

Sievert benannt. Ein Gray einer locker ionisierenden Strahlung wird hinsichtlich des biologischen Effekts mit einem Sievert gewichtet, die Effektivität von Neutronenstrahlen liegt pro Gray zwischen 5 und 20 Sv, abhängig von deren Energie. Ist diese ungewiss, wird mit 10 Sv pro Gy gerechnet. Ein Gy einer Alphastrahlung wird mit 20 Sv beurteilt.

Expositionen in der Größenordnung der Dosiseinheit und darüber kommen außer in der Strahlentherapie und im Zentrum größerer Strahlenereignisse nur selten vor während Promille der Dosiseinheit (Millisievert, mSv) die üblichen Strahlenpegel bestimmen.

Die Rate (Leistung) einer Dosis ist die in einer bestimmten Zeit geleistete Arbeit. Sie liegt neben Strahlenquellen aus dem Weltraum durch die auf der Erdoberfläche unterschiedlich verteilte naturgegebene Hintergrundstrahlung zwischen 1 und 260, häufig zwischen 2 und 4 Millisievert pro Jahr (mSv/a). Der globale Mittelwert lag zu Beginn des Auftretens irdischer Lebensformen vor dreieinhalb Milliarden Jahren bei geschätzten 7 mSv/a. Durch den teilweisen radioaktiven Zerfall der ursprünglichen Radionuklide liegt er gegenwärtig global bei nur mehr 2,4 mSv/a. In Deutschland wie in Japan bei 2,1, in Österreich bei 2,8, in den USA bei 3,1, in der Schweiz bei 5,5 mSv/a und in Finnland bei 7,6. Über 1 mSv/a liegende Werte des Strahlenbackgrounds gehen überwiegend von den gebietsweise erheblich schwankenden Konzentrationen des Radons aus. Besonders in Gebieten mit gegenüber dem globalen Mittelwert deutlich höheren Dosisraten wie etwa 70 mSv/a an 70.000 Bewohnern in Indiens Kerala oder im iranischen Ramsar mit dem höchsten gemessenen Wert in bewohnten Gebieten von 260 mSv/a. Ein erhöhtes Krebsrisiko für die dort betroffene Bevölkerung war unerwartet nicht nachweisbar und beschäftigt natürlich den Strahlenschutz sehr, spricht es doch für eine Dosisschwelle.[2]

Mit steigender Tendenz kommen seit etwa hundert Jahren in entwickelten Ländern erhöhte Dosisraten durch medizinisch vorteilhaft genutzte

Strahlenquellen: jährlich in Österreich 1,3, in Deutschland 1,9, in den Vereinigten Staaten 3 mSv/a (nachdem sie 1982 noch bei 0,5 mSv/a und Person lag). Die seit etwa sechzig Jahren eingeführte Nukleartechnologie exponiert durchschnittlich mit unter einem Prozent des mittleren natürlichen Strahlenhintergrunds, was die Einen aufregt, Andere aber beruhigt.

Die Internationale Strahlenschutzkommission ICRP, das Gutachtergremium an dessen Empfehlungen sich die Industrienationen hinsichtlich der entsprechenden Gesetzgebung zumeist orientieren, empfahl ungeachtet der erwähnten Erfahrungen in stärker bestrahlten Gegenden neuerlich im Jahr 2007 in ihrer Publikation 103, dass die Bevölkerung keiner Dosisrate über 1 mSv/a zusätzlich zum Strahlenbackground oder medizinisch gerechtfertigten Expositionen ausgesetzt werden sollte. Immerhin empfahl die Kommission für im Beruf mit Dosimetern überwachte Strahlenexponierte einen Grenzwert von 20 mSv/a, der nur dann bis 50 mSv/a erhöht werden darf, wenn in einem Fünfjahreszyklus 100 mSv, also der Bereich niedriger Dosen nicht überschritten wird.

Der wurde aber erheblich durch den Einsatz der Atombomben in Hiroshima und Nagasaki überschritten und die Folgen beschäftigt siebzig Jahre danach noch immer die
Life Span Study (LSS).
Am 6. August 1945 um 8:15 Uhr wurde über dem Zentrum des plan ausgebreiteten Hiroshima eine für die Kettenreaktion ausreichende Masse an stark angereicherten Uran-235 durch Beschuss von 25,6 kg einer Projektilmasse auf 38,4 kg der Zielmasse in einem Rohr innerhalb der Bombe vereinigt. Davon wurden 0,86 kg gespalten und 63 Billionen Joule, begleitet von einem Lichtblitz der die Sonne 10-fach übertraf plötzlich frei. Die Luft erreichte im Hypozentrum (Explosionszentrum) Sonnentemperaturen (6000 °C), am Bodennullpunkt (ground zero) noch immer 4000 °C und brannte eine Kreisfläche mit einem Radius von fast 1,4 km vom Nullpunkt nieder. Die vom Zentrum mit 35 atm auslaufenden enormen Luftdruckwellen, ebneten die Häuser weitgehend ein. Durch diese Wellen, der großen Hitze die einen

Feuersturm entfachte und den teilweise hohen Strahlendosen starben bis zum Jahresende die Hälfte der 245.000 Bewohner. Für den ground zero, 570 m unter dem Explosionzentrum wurde eine Dosis von 165 Gy geschätzt. Die Dosis fiel schon 1 km entfernt nach laufender Abschwächung durch die Luft auf 4,5 Gy und erreichte in 2,5 km den Milligraybereich. Deshalb waren die Bewohner je nach der Distanz zum Nullpunkt innerhalb von 2,5 km unterschiedlichsten Dosen ausgesetzt.[3]

Drei Tage später um 11:06 Uhr wurde 470 m über dem hügeligen Nagasaki auch noch schnell - bevor Japan wohl nicht zuletzt wegen der Kriegserklärung der Sowjetunion an Japan am 8. August die Kapitulation eine Woche später unterzeichnete - alternativ eine kugelförmige Plutoniumbombe gezündet. Durch die präzise Implosion einer Hohlkugel aus nur 6,2 kg Plutonium-239 wurde die für dieses Isotop deutlich geringere kritische Masse auf engstem Raum für das Einsetzen der Kettenreaktion erreicht. Letztere wurde durch das Verdampfen der Bombe vorzeitig gestoppt, dennoch wurden 1,2 kg gespalten und 83 Billionen Joule freigesetzt. Für den Nullpunkt wurde eine Dosis von 350 Gy geschätzt, sie fiel 1 km entfernt auf 8,7 Gy.[3] Der Explosion nur einer Bombe erlag ein Viertel der 280.000 Bewohner Nagasakis – etwa die Hälfte am ersten Tage, der Rest bis Mitte 1946. Die gemittelte Dosis der über 5 mGy exponierten Bevölkerungen beider Städte lag bei 0,2 Gy.
Die in weniger als einer Sekunde akut aufgenommenen Dosen wurden entsprechend dem jeweils vermehrten Wissensstand mehrmals nach 1957, 1965, 1986, 2002 (DS02), zuletzt in revidierter Form (DS02R1) erst vor kurzem neu berechnet und publiziert. Die Dosen durch Neutronenaktivierung am Boden radioaktiv gemachter Elemente, durch den Niederschlag (Fallout) der in den Bomben hergestellten Spaltprodukte, sowie der Uran- und Plutoniumreste der Bomben blieben nur abschätzbar. In Hiroshima sollen die Falloutdosen unter 1%, in Nagasaki unter 5% der akuten geblieben sein.[4]

Innerhalb von 2,5 km vom Nullpunkt exponierte 54.000 Überlebende denen eine Dosis zugerechnet werden konnte, wurden hinsichtlich der Spätschäden

mit 40.000, die zwischen 2,5 und 10 km vom Punkt Null entfernt mit Dosen unter 5 mGy exponiert wurden von März 1947 an von der U.S. Atomic Bomb Casualty Commission verglichen. 1975 wurde das Projekt in einer Forschungsstiftung mit japanischer Beteiligung in der Radiation Effects Research Foundation, RERF, reorganisiert.
Schon wenige Jahre nach den Explosionen fielen vermehrt Leukämien auf. Die Leukämiemortalitätswelle kulminierte zehn Jahre nach der Explosion um sich in vier Jahrzehnten wieder der Spontanrate anzunähern. Sie ist gegenwärtig bis auf wenige Fälle abgeklungen. Von 1950 bis 2003 wurden in beiden Städten 310 Leukämietodesfälle registriert, 103 Fälle wurden der Strahlung zugerechnet. Nach dem 14. Report von Kotaro Ozasa und Kollegen der RERF von 2012 liegt das strahlenbedingte Leukämierisiko von 0,1 Gy bei rund 0,1 %, bei der zehnfach höheren Dosis von 1 Gy aber bei rund 2 %, also 20-fach höher, weil das Risiko mit der Dosis steiler als linear proportional ansteigt.[5] Die akute lymphatische und die chronisch myeloische Leukämie steigt mit der Dosis zwar linear proportional, die akute myeloische Form aber mit dem Quadrat der Dosis.[6]

Bis 2003, dem Abschluss des genannten Reports waren von den in die Studie aufgenommenen 86.611 Überlebenden 58 % verstorben darunter 10.929 an Krebs solider Tumore, aber nur 527 strahlenverursacht. Eine über die Krebsspontanrate hinausgehende strahlenbedingte Erhöhung verzögerte sich um fast ein Jahrzehnt um dann aber ständig anzusteigen. Das spontane Krebsrisiko (von etwa 25 %) erhöht sich strahlenbedingt um 10 Prozent pro Dosiseinheit, also auf etwa 35 % und bei linearer Proportionalität bliebe eine Krebsrisiko von 1 % pro 0,1 Gy, also eine Erhöhung des mortalen Krebsrisikos auf 26 %.

Nach Verwendung der von der RERF erhobenen Daten kamen Yehoshua Socol und Ludwik Dobrzynski erst 2014 zu der Ansicht, dass das strahlenbedingte Krebsmortalitätsrisiko nach einer Dosisschwelle (unterhalb der kein Risiko nachweisbar sei) von 0,3 Sv mit der Dosis nicht linear proportional, sondern S-förmig (d.h. anfangs langsam, dann steiler und bei hohen Dosen wieder abflachend) ansteigen sollte.[7] Wie man sieht, stimmen nicht alle Experten einer von der Dosis Null ansteigenden Krebsmortalität zu. Auch hier ist das letzte Wort noch nicht gesprochen!

Die in den Mütterleibern strahlenexponierten Embryonen zeigten im späteren Leben ein den bestrahlten Kindern vergleichbares Krebsrisiko und bei höheren Dosen zusätzlich eine geistige Behinderung mit einem reduzierten Intelligenzquotienten.[8] Befürchtete Erbschäden an nach den Atombombenexplosionen gezeugten Kindern und Kindeskindern konnten nicht bestätigt werden.[9]

Die Untersuchungen sind wegen der relativ vielen noch Lebenden der Kohorte und der jährlich noch steigenden Tumortodesfälle noch nicht abgeschlossen und die zitierten Zahlen daher auf die Lebenszeit der Betroffenen vorläufig hochgerechnet.

Reduziert die zeitliche Verteilung einer Dosis das Risiko einer akuten?

Abgesehen von Anwendungen mit zumeist kurzen Expositionen in der Medizin sind beruflich Strahlenexponierte wiederholten, alle Erdbewohner seit jeher mit der natürlichen Hintergrundstrahlung chronisch exponiert.

Von der Dosisrate hängt ja ab, ob Strahlenschäden rasch oder langsam anfallen. Können die körpereigenen im Laufe der Evolution erworbenen Reparaturmechanismen langsam anfallende Schäden leichter reduzieren? Im Bereich niedriger Dosen unter 100 mSv scheint das der Fall zu sein. Aber auch bei Dosen der Einheit und darüber? Jedenfalls setzen die internationalen Kommissionen ICRP und UNSCEAR (Wissenschaftlicher Ausschuss der Vereinten Nationen zur Untersuchung der Auswirkungen atomarer Strahlung mit dem Sitz in Wien) die Risikorate (Risiko pro Dosiseinheit) von rund 10 %/Sv nach Erfahrungen in Hiroshima und Nagasaki auf nur 5 %/Sv – damit würde sich ein Spontankrebsrisiko von 25 % von 35 auf 30 % reduzieren wenn Dosen zeitlich verteilt mit geringerer Rate aufgenommen werden. Die Deutsche

Strahlenschutzkommission SSK sieht aber keine Risikominderung durch Erhöhung der Bestrahlungsdauer einer Dosis.[10] 2015 begutachteten daher David Richardson und 12 Koautoren aus neun internationalen Forschungsinstituten etwas über 300.000 Nukleararbeiter in Frankreich, UK und den USA (Inworks) zwischen 1944 und 2005.[11] Das zur Krebsspontanrate zusätzliche und zu ihr relative Risiko wurde für alle Krebsarten mit 0,51, ohne Leukämien mit 0,48 pro Gy angegeben. Das entspricht nach Annahme einer Krebsspontanrate von 25 % einer Risikorate von rund 13 %/Gy (0,5 x 25 %). Die zusätzliche relative Leukämiemortalität lag bei fast 3/Gy, entsprechend einer Risikorate wie in der LSS von etwa 2 Prozent pro Gy.

Die Risikorate scheint sich also nicht zu reduzieren, wenn akute Dosen auf längere Zeit verteilt werden.

Lungenkrebs durch Radonfolgeprodukte?

Alphastrahlenpartikel (schnell bewegte Heliumkerne) verlieren ihre relativ hohe kinetische Energie durch Kollisionen mit den Molekülen der bestrahlten Umgebung relativ rasch. Sie hinterlassen daher eine kurze aber dichte Ionisationsspur - in Luft 4 cm, in Organgeweben aber nur 0,02 mm. Deshalb durchdringen sie kaum die äußeren, meist verhornten Hautschichten (die derart das darunter liegende Gewebe schützen). Sie werden aber zu einem Problem, wenn ihnen nach Inhalation von Alphastrahlern das ungeschützte Lungengewebe ausgesetzt wird. Entscheidend ist also ob eine durch Alphastrahlen verursachte Dosis an der Peripherie oder innerhalb des Körpers aufgenommen wird. Daher scheint zur Beurteilung des Radonrisikos der Atemwege an Stelle der Dosis die Angabe der Aktivitätskonzentration in der Atemluft besser geeignet. Sie wird in den nationalen Radonberichten nach dem Entdecker der Radioaktivität in ´Becquerel/m³´ angegeben (Bq/m^3 bezeichnet die durchschnittliche Anzahl der in einer Sekunde pro m³ unter Strahlenemission zerfallenden Atomkerne).

In bewohnten und beheizten Häusern herrscht wegen des Kamineffekts häufig ein gegenüber der Außenluft geringerer Luftdruck. Dadurch wird das im Erdreich des Untergrunds angereicherte Radongas ins Innere des Hauses in Bewegung gesetzt und von unten nach oben abnehmend verteilt. So staut sich dieses Gas in Häusern und ist dann gegenüber der Außenluft deutlich erhöht.

Nach dem 2006-Report der WHO liegt der Mittelwert der Radonkonzentration unter Dach global bei 40 Bq/m^3, in der Europäischen Union bei 59, in Deutschland bei 49, in Österreich bei 97, in Finnland bei 120 und in Tschechien bei 140 Bq/m^3.[12]

Schon im 16. Jahrhundert fielen erhöhte Todesfälle durch die ´Bergkrankheit´ unter Grubenarbeitern auf – neben dem Rauchen und Grubengasen auch verursacht durch die Zerfallsprodukte des Radons wie sich dreihundert Jahre später zeigte. Radon ist ein Glied in der Uran-Radiumzerfallskette, entsteht beim Zerfall von Radium-226 und ist deshalb weitverbreitet wie Uran. Das Gas zerfällt mit einer Halbwertzeit von 3,8 Tagen in das Poloniumisotop 218, ein Alphastrahler wie die folgenden Poloniumisotope 214 und 210 bis die Zerfallskette mit dem stabilen Blei-206 zur Ruhe kommt. Das eingeatmete Edelgas Radon selbst wird ja wieder fast ungehindert ausgeatmet. Die ionisierten Folgeprodukte des Radons können aber an winzige Partikel (Aerosole) der Luft haften und verbleiben eingeatmet mit diesen länger in den feuchten Atemwegen der Lunge. Dadurch wird dessen Gewebe anhaltend strahlenexponiert. Es lag daher nahe, mit unterschiedlichen Radonmengen in der Atemluft lebende Bevölkerungen hinsichtlich der Lungenkrebsraten zu vergleichen.

Eine Korrelation zwischen Radon und Lungenkrebs zeigten 1994 nach einer UNSCEAR-Bilanz von insgesamt 19 Studien nur neun, vier zeigten keinen Zusammenhang und in sechs Untersuchungen war die spontane Lungenkrebsrate mit steigender Radonkonzentration sogar reduziert [13] - was den Betreibern von Radonkuren natürlich gefiel und den Anhängern der Ansicht, niedrige Dosen seien harmlos oder gar förderlich. Neuerdings wurden in Europa 13 Fall-Kontroll-Studien in neun europäischen Ländern hinsichtlich einer Erhöhung des Lungenkrebses durch Radon zusammengefasst, von Sarah Darby und 25 Wissenschaftlern analysiert und mit 16 %/100 Bq/m^3 bewertet.[14] Bezogen auf den erwähnten Mittelwert der Radonkonzentration von 59 Bq/m^3 der 29 europäischen Länder ist unter den Lungenkrebstodesfällen mit einem radonbedingten Anteil von 9 % und unter allen Krebstodesfällen mit dem Anteil von 2 % zurechnen. Für Nichtraucher gilt nur 1/25 des Wertes für Raucher, weil deren Lunge durch den Zigarettenrauch vorgeschädigt ist. Die Analyse ergab diesmal, dass sich das Lungenkrebsrisiko mit steigender Radonkonzentration in der Atemluft doch linear proportional erhöht. Auch wurde eine Radonkonzentrationsschwelle unter der kein Risiko bestünde der oben genannten Studien widersprechend nicht gesehen.

Nach der üblichen Annahme eines täglichen Aufenthalts unter Dach von 80 % reduziert sich für Deutschland die mittlere Radonkonzentration von 49 Bq/m^3 unter Dach und etwa 15 Bq/m^3 im Freien auf etwa 42 Bq/m^3. Dadurch verringert sich das Radonrisiko von 16 %/100 Bq/m^3 auf rund 6,7%. Das heißt, dass von den jährlichen 47.000 Lungenkrebstodesfällen in Deutschland etwa 3150 radonverursacht sein könnten. Da für Nichtraucher das Risiko 1/25 des Risikos für Raucher ist, kämen für Nichtraucher etwa 120 radonverursachte Lungenkrebstodesfälle. Das ist unter 82,6 Millionen Einwohnern und 925.000 Todesfällen nicht gerade alarmierend!

Radon in Innenräumen lässt sich durch häufigeres Lüften (Stoßlüften) auf die niederere Radonkonzentration im Freien reduzieren. Mehr geht nicht. Das dann noch verbleibende Lungenkrebsrisiko lässt sich nur mehr unter Rauchern reduzieren – durch die zugegeben keinesfalls leichte aber lohnende Aufgabe des Zigarettenkonsums. Bei höheren Radonkonzentrationen wurden allerdings mögliche Maßnahmen nach Abdichtungen, die das Eindringen dieses Gases in Wohnräume reduzieren empfohlen.

Tschernobyl und Fukushima

2011 existierten 440 Reaktoren in Kernkraftwerken weltweit. Damit wurden 14 % des Stromverbrauchs bereitgestellt. Die Installation und Inbetriebnahme bevor unterirdische Endlager für die lange strahlenden abgebrannten Brennelemente etabliert waren, erfolgten in der voreiligen Hoffnung, dass damit verbundene Probleme bis zur Aktualisierung überwindbar wären.

Nach einer Strahlenschutzverordnung sollten Kernenergienutzer dafür sorgen, dass die Exposition der Bevölkerung jährlich unter 0,3 mSv bleibt – also bei einem Zehntel der Hintergrundstrahlung. Diese Forderung ist in unfallfreien Zeiten leicht erfüllbar, liegen die gemessenen Expositionen durchschnittlich unter 0,01 mSv/a.

Dennoch verglichen Claudia Stix und Kollegen nach entsprechenden Hinweisen das Krebsrisiko von Kindern unter 5 Lebensjahren, deren Wohnungen innerhalb und außerhalb der 5 km-Zone um die damals betriebenen 16 deutschen Kernkraftwerke lagen. Unter 77 Leukämieerkrankungen, registriert zwischen 1980 und 2003 waren 29 Fälle dem Umstand geschuldet, dass ihre Wohnungen innerhalb der genannten Zone um Kernkraftwerke lagen und nicht außerhalb. Das waren 2 Promille der 13.373 Kinderkrebsfälle unter 5 Jahren in dieser Zeitspanne in Deutschland.[15] Man wird sehen, ob die geplante Abschaltung der deutschen Kernkraftwerke die beobachtete Erhöhung des Leukämierisikos beeinflusst (noch sind acht Anlagen in Betrieb). In Frankreich produzieren 58 Reaktoren rund drei Viertel des Stroms. Ein 2015 verabschiedetes Gesetz sieht vor, diesen Anteil bis 2025 auf 50 Prozent zu reduzieren.

In zwei spektakulären Fällen kam es aber zu gefürchteten Kernschmelzen in Reaktoren. Eine am 26. April 1986 in Tschernobyl in der Ukraine und drei am 11. März 2011 in Fukushima in Japan. In Tschernobyl durch eine missglückte Unfallsimulation mit einer unerwarteten das Personal überfordernden Leistungseruption in der Anlage, in Fukushima durch ein Seebeben der Stärke 9, gefolgt von einem Tsunami, dessen 14 m hohe Flutwelle bis zu zehn

Kilometer tief ins Landinnere entlang der Nordküste eindrang und an die 18.500 Menschen tötete. Sie überflutete die zu niedrige Schutzmauer von 5,7 m und stoppte die unbedingt nötigen Kühlsysteme der erhitzten bestrahlten Brennelemente in den Reaktoren.

In Tschernobyl setzte der Brand der Graphithülle des Cores 5.10^{18} Bq Radioakitivität frei. Vom Wind verfrachtet gingen 36% der Cäsium-137-Aktivität auf Weißrussland, Ukraine und Russland nieder, weitere 53% verteilten sich über das restliche Europa. Die in den zwanzig Jahren nach dem Unfall aufgenommenen Effektivdosen lagen in Weißrussland und in der Ukraine unter 10 mSv, in Österreich knapp unter 1 und in Deutschland bei 0,17 mSv.[16] Unter den Einsatzkräften, die versuchten Brand und Strahlung unter Kontrolle zu bringen, waren 660 in der Nacht am Unfallort. 134 unter ihnen erlitten akute Strahlenkrankheiten (nach Dosen über 1 Sv) denen innerhalb von sechs Monaten 54 Helfer erlagen. 30 km rund um den Reaktor wurden zur Sperrzone erklärt. Insgesamt wurden 135.000 Menschen, darunter 48.000 Bewohner der nur 3 km vom Kraftwerk entfernten, erst 1970 errichteten Stadt Prypjat 30 Stunden nach der Explosion evakuiert. In den folgenden Jahren wurden 530.000 Liquidatoren (meistens Rekruten der Roten Armee) mit der groben Dekontamination und der provisorischen Errichtung eines Sarkophags eingesetzt. Innerhalb von 20 Jahren erlagen unter 110.000 Aufräumern 22 an Leukämie.[17] Am 29. November 2016 wurde ein 30 t schweres „New safe containment" auf Schienen über den Block 4 geschoben um Arbeiten darunter zu ermöglichen ohne die Umwelt weiter zu belasten. Zwischen 1992 und 2000 wurden etwa 6000 Fälle von Schilddrüsenkrebs an Kindern diagnostiziert - acht starben daran. Elisabeth Cardis und Kollegen vermuten dass sich die Schilddrüsenerkrankungen noch auf 16.000 Fälle summieren könnten.[17]

In Fukushima Daiichi wurden fast 10^{18} Bq Radioaktivität freigesetzt. Dank des ablandigen Windes landeten 76 Prozent davon im Pazifik, an Land breitete sich ein 40 km langer Streifen nach Nordwesten aus. Nur zwei Arbeiter erhielten höhere Dosen von rund 600 mSv. Um Fukushima wurde aber eine 20-km Sperrzone erklärt. 154.000 Menschen wurden aus der Region um das Kraftwerk evakuiert. Im Februar 2017 lebten noch 81.000 Menschen in provisorisch eingerichteten Container-Siedlungen. Von ehemals 54 Kernreaktoren, die in Japan ein Drittel der Stromproduktion deckten, sind im Süden Japans lediglich zwei Blöcke wieder in Betrieb, weitere 25 zur Wiederinbetriebnahme angemeldet. Die Lücke in der Stromversorgung wurde durch erhöhte Importe von Kohle und Gas ausgeglichen.

Fazit

Bei einem Krebsrisiko von 10%/Sv unter Überlebenden der Atombombenangriffe sieht sich unter anderen für Situationen zeitlich verteilter Dosisaufnahmen wegen der Wirkung zelleigener Reparaturmechanismen die ICRP bereit, das Risiko auf 5%/Sv anzusetzen. Erfahrungen an einer hohen Zahl von Nukleararbeitern sprechen gegen diesen Risikonachlass und sehen keinen nennenswerten Unterschied zu den Befunden in Hiroshima und Nagasaki – dem schließt sich die Deutsche Strahlenschutzkommission an. Andererseits sieht am unteren Dosisbereich die ICRP nach Festhalten an einer linear proportionalen Beziehung zwischen Risiko und Dosis das Krebsrisiko pro 100 mSv bei 5‰. Dagegen sprechen unter anderem Hinweise aus Gebieten mit deutlich höherem Strahlenbackground, die einen risikofreien niedrigen Dosisbereich nahelegen. Auf einen Konsens wird man leider noch warten müssen.

Dem Atmungsorgan kommt wegen seiner Anfälligkeit für Krebs vor allem für Raucher hinsichtlich des Strahlenrisikos ein diskutierter Schwerpunkt zu.
Hinsichtlich der Strahlenhormesis geringer Strahlendosen sind klärende Studien gefragt.

Quellen

1. Siegel J. A. et al. Subjecting Radiologic Imaging to the Linear No-Threshold Hypothesis: A Non Sequitur of Non-Trivial Proportion. J.Nucl.Med. 2017; 58:1-6

2. Dobrzynski L. et al. Cancer mortality among people living in areas with various levels of natural background radiation. Dose Response 2015; 13:1559328155923911

3. Ochiai Eiichiro Hiroshima to Fukushima – Biohazards of Radiation Springer 2014: p. 97

4. Kerr G.D. et al. Workshop Report on Atomic Bomb Dosimetry-Residual Radiation Exposure: Recent Research and Suggestions for Future Studies Health Phys. 105(2): 140-149, 2013

5. Ozasa K. et al. Studies of Mortality of Atomic Bomb Survivors. Report 14, 1950-2003: An Overview of Cancer and Noncancer Diseases. Radiation Research 177: 229-243, 2012

6. Richardson D. et al. Ionizing Radiation and Leukemia Mortality among Japanese Atomic Bomb Survivor, 1950-2000. Radiation Research 2009; 172:368-382

7. Yehoshua Socol und Ludwik Dobrzynski: Atomic Bomb Survivor Life-Span Study. Dose response 2015 Jan-Mar; 13(1)

8. Die Empfehlungen der Internationalen Strahlenschutzkommission (ICRP) von 2007 (ICRP-Veröffentlichung 103, Ann. (ICRP 37 (2-4). P.56: 3.4 Strahlenwirkungen beim Embryo und Fötus Elsevier (2007)

9. Hintergrundinformation: Abwurf der Atombomben auf Hiroshima und Nagasaki – gesundheitliche Strahlenwirkungen des GSF-Forschungszentrum für Umwelt und Gesundheit vom 09.08.2005

10. Stellungnahme der Strahlenschutzkommission (SSK) zum Entwurf der Empfehlungen 2005 der ICRP. 194. Sitzung der SSK am 23./24.9.2004

11. Richardson D.B. et al. Risk of cancer from occupational exposure to ionising radiation: retrospective cohort study of workers in France, the United Kingdom, and the United States (INWORKS). Brit.Med.J. 351: h5359